数学文化

李大潜　主编

改变世界面貌的十个数学公式

Gaibian Shijie Mianmao de Shi Ge Shuxue Gongshi

周明儒

中国教育出版传媒集团

高等教育出版社·北京

图书在版编目（CIP）数据

改变世界面貌的十个数学公式／周明儒编 . -- 北京：
高等教育出版社，2023.8（2024.5重印）

（数学文化小丛书／李大潜主编 . 第四辑）

ISBN 978-7-04-060805-2

Ⅰ . ①改… Ⅱ . ①周… Ⅲ . ①数学公式－普及读物
Ⅳ . ① O1-49

中国国家版本馆 CIP 数据核字（2023）第 124507 号

策划编辑	李 蕊	责任编辑	李 蕊	封面设计	杨伟露
版式设计	徐艳妮	责任绘图	易斯翔	责任校对	陈 杨
责任印制	存 怡				

出版发行	高等教育出版社	网　　址	http://www.hep.edu.cn	
社　　址	北京市西城区德外大街 4 号		http://www.hep.com.cn	
邮政编码	100120	网上订购	http://www.hepmall.com.cn	
印　　刷	中煤（北京）印务有限公司		http://www.hepmall.com	
开　　本	787mm×960mm　1/32		http://www.hepmall.cn	
印　　张	2.125			
字　　数	34 千字	版　　次	2023 年 8 月第 1 版	
购书热线	010-58581118	印　　次	2024 年 5 月第 2 次印刷	
咨询电话	400-810-0598	定　　价	11.00 元	

本书如有缺页、倒页、脱页等质量问题，请到所购图书销售部门联系调换

版权所有　侵权必究

物 料 号　60805-00

数学文化小丛书总序

　　整个数学的发展史是和人类物质文明和精神文明的发展史交融在一起的。数学不仅是一种精确的语言和工具、一门博大精深并应用广泛的科学，而且更是一种先进的文化。它在人类文明的进程中一直起着积极的推动作用，是人类文明的一个重要支柱。

　　要学好数学，不等于拼命做习题、背公式，而是要着重领会数学的思想方法和精神实质，了解数学在人类文明发展中所起的关键作用，自觉地接受数学文化的熏陶。只有这样，才能从根本上体现素质教育的要求，并为全民族思想文化素质的提高夯实基础。

　　鉴于目前充分认识到这一点的人还不多，更远未引起各方面足够的重视，很有必要在较大的范围内大力进行宣传、引导工作。本丛书正是在这样的背景下，本着弘扬和普及数学文化的宗旨而编辑出版的。

　　为了使包括中学生在内的广大读者都能有所收益，本丛书将着力精选那些对人类文明的发展起过重要作用、在深化人类对世界的认识或推动人类对世界的改造方面有某种里程碑意义的主题，由学有专长的学者执笔,抓住主要的线索和本质的内容,由浅入深并简明生动地向读者介绍数学文化的丰富内涵、数学文化史诗中一些重要的篇章以及古今中外一些著名数学家的优秀品质及历史功绩等内容。每个专题篇幅不长,并相对独立,以易于阅读、便于携带且尽可能降低书价为原则,有的专题单独成册,有些专题则联合成册。

希望广大读者能通过阅读这套丛书,走近数学、品味数学和理解数学,充分感受数学文化的魅力和作用,进一步打开视野、启迪心智,在今后的学习与工作中取得更出色的成绩。

李大潜

2005 年 12 月

目　录

一、数量计算的基础 $1+1=2$ $\cdots\cdots\cdots$　2

二、毕达哥拉斯定理(勾股定理) $a^2+b^2=c^2$ $\cdots$　6

三、阿基米德杠杆原理 $F_1x_1=F_2x_2$ $\cdots\cdots\cdots$　9

四、纳皮尔指数与对数关系公式 $\mathrm{e}^{\ln N}=N$ $\cdots$　12

五、牛顿万有引力定律 $F=G\dfrac{m_1m_2}{r^2}$ $\cdots\cdots$　19

六、麦克斯韦方程组 $\nabla^2\boldsymbol{E}=\dfrac{K\mu}{c^2}\dfrac{\partial^2\boldsymbol{E}}{\partial t^2}$ $\cdots\cdots$　23

七、爱因斯坦质能关系式 $E=mc^2$ $\cdots\cdots\cdots$　29

八、德布罗意公式 $\lambda=\dfrac{h}{mv}$ $\cdots\cdots\cdots$　37

九、玻尔兹曼关系式 $S=k\ln W$ $\cdots\cdots\cdots$　44

十、齐奥尔科夫斯基公式 $V=V_{\mathrm{e}}\ln\dfrac{m_0}{m_1}$ $\cdots\cdots$　50

参考文献 $\cdots\cdots\cdots\cdots\cdots\cdots\cdots$　57

1971 年 5 月 15 日, 尼加拉瓜发行了一套邮票, 题为 "改变世界面貌的十个数学公式", 这些公式是

1. 数量计算的基础 $1 + 1 = 2$;

2. 毕达哥拉斯定理 (勾股定理) $a^2 + b^2 = c^2$;

3. 阿基米德杠杆原理 $F_1 x_1 = F_2 x_2$;

4. 纳皮尔指数与对数关系公式 $e^{\ln N} = N$;

5. 牛顿万有引力定律 $F = G\dfrac{m_1 m_2}{r^2}$;

6. 麦克斯韦方程组 $\nabla^2 \boldsymbol{E} = \dfrac{K\mu}{c^2}\dfrac{\partial^2 \boldsymbol{E}}{\partial t^2}$;

7. 爱因斯坦质能关系式 $E = mc^2$;

8. 德布罗意公式 $\lambda = \dfrac{h}{mv}$;

9. 玻尔兹曼关系式 $S = k \ln W$;

10. 齐奥尔科夫斯基公式 $V = V_e \ln \dfrac{m_0}{m_1}$.

这十个公式是由一些著名学者遴选出来的. 为什么说这些公式影响了世界的发展、改变了世界的面貌? 让我们回顾这些公式产生的历史背景, 领会其蕴含的意义与作用, 并从这些公式的建立过程中得到启示.

一、数量计算的基础 $1+1=2$

十个数学公式邮票之一

人类关于数的概念的形成可能与火的使用一样古老, 大约是在 30 万年以前. 早先, 人们只是对同一事物有了多与少、多与单 (1) 的感觉, 即数觉; 进而从不同事物中抽象出 "数", 例如从三条鱼、三只鸟等中抽象出数 "三"; 再后来, 开始用手指等计数, 也用石子、刻痕、结绳等来记数.

5 000 多年前出现了书写的记数和记数系统. 约公元前 3400 年有了古埃及象形数字, 约公元前 2400 年有了巴比伦楔形数字, 约公元前 1600 年有了中国甲骨文数字, 约公元前 500 年有了希腊阿提卡数字, 约公元前 300 年有了印度婆罗门数字, 此外, 还有玛雅数字.

公元前 14—前 11 世纪的中国甲骨文数字已采用十进制. 最晚在春秋战国时期, 我国已经有了严格的十进位值制筹算记数. 筹算数码有纵、横两式, 代表数 1, 2, 3, 4, 5, 6, 7, 8, 9 的筹算数码分别是

| 纵式 | Ⅰ | Ⅱ | Ⅲ | Ⅳ | Ⅴ | Ⅵ | Ⅶ | Ⅷ | Ⅸ |
| 横式 | _ | = | ≡ | ≣ | ≣ | ⊥ | ⊥ | ⊥ | ⊥ |

《孙子算经》中记载的筹算记数法则说: "凡算之法, 先识其位. 一纵十横, 百立千僵. 千十相望, 万百相当." 其中 "一、十、百、千、万" 是指数位, 一为个位; "纵、立" 是指用纵式算筹, "横、僵" 是指用横式算筹. 纵、横两式算筹交替使用, 即个位、百位、万位 ⋯⋯的数字用纵式, 十位、千位、十万位 ⋯⋯的数字用横式. 记数时按照从个位数起向左将算筹纵横相间排列, 零则以空位表示. 例如 Ⅱ ⊥ ≡ Ⅰ 表示 26 031. 十进位值制记数法是中国古代数学对人类文明的特殊贡献.

人们发明了用字母或文字来表示数字. 例如罗马字母 I, V, X, L, C, D, M 分别表示数字 1, 5, 10, 50, 100, 500, 1 000; Ⅰ, Ⅱ, Ⅲ, Ⅳ, Ⅴ, Ⅵ, Ⅶ, Ⅷ, Ⅸ, Ⅹ 分别表示数字 1, 2, 3, 4, 5, 6, 7, 8, 9, 10; 而 45 记为 XLV, 1980 记为 MCMLXXX. 中文是用文字

一, 二, 三, 四, 五, 六, 七, 八, 九, 十, 零分别表示数字 1, 2, 3, 4, 5, 6, 7, 8, 9, 10, 0.

约公元前 300 年印度的刻印上已有表示 "1" 到 "9" 的数字, 但没有位值制. 在 458 年出版的一本梵文天文学志中可见按位置记数, 并出现了用空位代表 "零". 876 年的印度瓜廖尔石碑上已记有用圆圈表示的数 "零". 773 年一位印度学者带着数字和算法知识来到巴格达, 从而印度数字在中东逐渐演化为阿拉伯数字:

9 世纪上半叶花拉子米写了《印度计算书》, 阿拉伯数字又由中东的阿拉伯经北非传入西班牙, 13 世纪后在欧洲传开.

1 + 1 = 2 在人类对自然的认识历史中有着十分重要的意义:

1 + 1 = 2 揭示了不同量之间的关系, 1 生 2, 2 生 3, 3 生 4……以至无穷, 从而生成自然数系;

1 + 1 = 2 是数量计算的基础, 而加法运算法则

是整个四则运算甚至其他所有运算的基础;

1 + 1 = 2 是人类对"数"的认识的一个飞跃, 是由"计数、记数"到建立"数学"的重要标志, 是人类文明史上的一个重要的里程碑.

二、毕达哥拉斯定理 (勾股定理)

$$a^2 + b^2 = c^2$$

十个数学公式邮票之二

"平面直角三角形中, 两直角边的平方和等于斜边的平方", 这个被称为"几何学的基石"和"千古第一定理"的勾股定理, 是数学中光彩夺目的一颗明珠.

成书早于公元前 2 世纪西汉时期的《周髀算经》, 开篇就记载了 (约公元前 1100 年) 西周开国时期周公姬旦问大夫商高: 天没有阶梯可攀, 地没有尺子可量, 如何求得天之高、地之广呢? 商高回答说: "故折矩以为勾广三, 股修四, 径隅五." 此即最早的勾股定理. 该书还记载了陈子 (约公元前 7—前 6 世纪) 测日的方法: 若求邪 (斜) 至日者, 以日下为句 (勾), 日高为股, 句、股各自乘, 并而开方除之, 得邪至日. 这已是勾股定理的一般形式. 3 世纪, 三国时期的赵爽, 利用"弦图"十分巧妙地给出了勾股定理的证明. 2002 年在北京召开的世界数学家大会会徽的图案, 正是彰显中国古代数学成就的赵爽弦图.

2002 年 (北京) 世界数学家大会会徽

古希腊哲学家和数学家毕达哥拉斯 (Pythagoras, 约公元前 580—前 500) 为首的学派, 也发现了该定理, 因此西方称它为毕达哥拉斯定理. 由于该定理的重要性, 2 000 多年来, 吸引了无数的数学家和数学爱好者对其做深入的考察、研究, 并且给出了各种各样的证明, 其中比较知名的就有 400 多种.

勾股定理有着十分重大的历史价值:

1. 这是将"数"与"形"相联系的第一个定理, 既给人们提供了一个重要的数学公式, 更向人们揭示了可以利用代数方法来解决几何问题的重要思想方法.

2. 这是人类发现并用于观天测地、建筑设计、器具制作等的第一个数学定理; 在雅典帕特农神庙的建筑里, 在刘徽著《海岛算经》的"重差术"中, 在人们的生产和日常生活中, 到处都可以看到勾股定理的运用.

3. 人们还发现, 勾股定理的逆定理也成立. 勾股定理及其证明, 标志着数学已由计算与测量的技术转变为论证与推理的科学.

4. 勾股定理是欧几里得几何中关于度量的极为重要的定理. 而根据这个定理, 毕达哥拉斯学派发现正方形的边和对角线是不可公度的, 动摇了其"万物皆数"的信条, 引发了数学发展史上的第一次重大危机, 同时也促进了数学的进步与发展.

5. 勾股定理促进了数学其他分支学科的发展. $a^2 + b^2 = c^2$ 是人类成功求解的第一个不定方程; 基于勾股定理, 证明了平面三角学中的恒等式 $\sin^2 x + \cos^2 x = 1$.

三、阿基米德杠杆原理

$$F_1 x_1 = F_2 x_2$$

十个数学公式邮票之三

古希腊数学家、物理学家阿基米德(Archimedes, 公元前 287—前 212), 不仅发现了著名的杠杆原理、浮力定律, 给出了大量的几何学定理, 还是微积分的一位先驱.

"动力乘动力臂等于阻力乘阻力臂"这一广为人知的杠杆原理, 是阿基米德通过观察、研究后发现, 并且通过严格证明而揭示的一个普遍适用的原

阿基米德

理. 当年叙拉古城军民在抵抗罗马海军攻击的战斗中, 阿基米德曾指导人们运用杠杆原理制造投石器, 抛射巨石和飞弹攻击敌人, 罗马人被阻于城外达 3 年之久, 向世人显示了杠杆原理的威力. 阿基米德还基于杠杆原理发明"平衡法", 求出了球的体积和抛物线弓形的面积, 萌发了积分学的思想方法.

　　杠杆原理告诉人们, 借助杠杆不仅可以改变力的大小, 而且可以改变力的方向, 因此杠杆在生产、生活中有着极其广泛的应用. 诸如撬动重物, 深井汲水, 制作杆秤、天平; 小到日常用的剪刀钳子 (动力臂长的如老虎钳可以省力, 动力臂短的如理发剪可以省时), 大到工地码头的定滑轮起重机, 等等, 几乎每一台机器中都少不了杠杆; 而用手取物, 仰头弯腰, 抬腿跷脚等, 也都有人体中的杠杆在起作用. 杠杆原理的揭示, 深刻地改变了人类的生产生活方式, 大大提高了生产力, 促进了社会生产的发展, 改变了世界的面貌.

根据杠杆原理, 原则上只要动力臂足够长, 而阻力臂足够短, 就可以用足够小的力撬动足够重的物体. 相传阿基米德曾说: 给我一个支点, 我就能撬动地球. 当然这只是从理论上而言的, 实际上, 地球赤道直径约 12 756 km, 质量约 5.97×10^{24} kg, 且不说撬动这样一个庞然大物需要用多么长的杠杆, 即使有了这样长的杠杆和支点, 将它举高 1 cm 所需要的时间也是个天文数字. 因为, 根据牛顿力学我们知道, 如果 F N 的力在 t s 内能把 m kg 物体由静止开始举到 h m 时速度为 v m/s, 则由动量定理有 $Ft = mv$, 而由能量守恒定律知 $\frac{1}{2}mv^2 = mgh$, 从而知 $v = \sqrt{2gh}$, 而 $Ft = m\sqrt{2gh}$. 所以, 如果用在 1 s 内将 60 kg 物体举起 1 m 的力来把地球举高 1 cm, 那么所需要的时间就应为

$$
\begin{aligned}
t &= \frac{m\sqrt{2gh}}{F} \\
&= \frac{5.97 \times 10^{24} \times \sqrt{2g \times 0.01}}{60 \times \sqrt{2g \times 1}} \\
&= 9.95 \times 10^{21} (\text{s}),
\end{aligned}
$$

或者说大约 3.16×10^{14} 年, 即大约需要 316 万亿年.

四、纳皮尔指数与对数关系
公式 $e^{\ln N} = N$

十个数学公式邮票之四

1614 年纳皮尔发明对数是数学和科学史上的一个重大事件, 天文学家们以近乎狂喜的心情欢呼这一发明, 伽利略 (Galileo, 1564—1642) 说:"给我时间、空间和对数, 我可以创造出一个宇宙。"拉普拉斯 (Laplace, 1749—1827) 指出:"对数的发明以其节省劳力而延长了天文学家的寿命。"恩格斯 (Engels, 1820—1895) 也曾赞誉: 对数、解析几何和微积分是"最重要的数学方法".

人类的生产生活离不开数值计算，随着社会的进步，对计算的速度和精度的要求越来越高，从而促进了对计算规律的深入研究，和计算技术、计算工具的发明、创新与不断进步. 数值运算就其难易程度来分，加减运算是第一级，乘除运算是第二级，乘方、开方运算是第三级，指数、对数运算是第四级. 求数列的极限，求函数的微分、积分等，则是难度更高的运算. 将比较高级的运算化简为比较低级的运算是提高计算效率的重要途径，历代数学家们为此付出了艰苦的努力，取得了众多的成就. 对数的发现则是其中非常突出的一个，它将乘方、开方运算归结为乘除运算，将乘除运算归结为加减运算，大大促进了科学研究的发展和人类社会生产生活的进步.

15、16 世纪，航海业、天文学有了较快的发展. 为了计算星球的轨道和研究星球之间的位置关系，需要对很多数据进行乘、除、乘方和开方运算. 令科学家们苦恼的是，天文数字太大，为了得到一个结果，常常需要运算几天甚至几个月时间. 在数学家们不断研究如何简化乘除运算的探索中，逐渐产生了对数的概念与运算. 当时，人们已经知道利用三角函数的积化和差公式可以简化三角函数的乘法运算. 德国数学家施蒂费尔 (Stifel, 约 1487—1567) 研究了阿基米德的发现，即将 $1, 10, 10^2, 10^3, 10^4, \cdots$ 中的数相乘或相除，相

当于用 $0, 1, 2, 3, 4, \cdots$ 中与之相对应的数相加或相减, 他在 1544 年出版的《综合算术》中进一步指出, 将等比数列 $1, r, r^2, r^3, r^4, \cdots$ 中的数相乘或相除, 相当于用等差数列 $0, 1, 2, 3, 4, \cdots$ 中与之相对应的数相加或相减, 或者说一个等比数列中的数的乘除运算, 可以转化为另一个等差数列中与之相应的数的加减运算. 例如, $2^3 \times 2^5 = 2^{3+5}$. 因为当时有关指数的概念尚未真正形成, 也没有指数的符号, 施蒂费尔无法继续深入研究下去, 但他的发现为对数概念的产生打开了一扇思想窗口.

苏格兰数学家纳皮尔 (Napier, 1550—1617) 研究对数的最初目的, 是为了简化天文学问题中的球面三角的计算, 他也受到了等比数列的项和等差数列的项之间的对应关系的启发. 纳皮尔在两组数中建立了这样一种对应关系: 当第一组数按等差数列增加时, 第二组数按等比数列减少, 后一组数中两个数的乘积与前一组数中相对应的两个数的和有一种简单的关系, 从而可以将乘法运算归结为加法运算. 纳皮尔画了一条线段 AB 和一条以 C 为始点的射线 l (图 1), 点 P 和 Q 同时分别从点 A 与 C 以相同的速度出发, 点 Q 沿 l 做匀速运动, 而点 P 沿 AB 做减速运动, 其速度与线段 PB 的长度成正比 (设比例常数为 1). 当点 P 走了一段距离 AP 时, 点 Q 走了一段距离 CQ, 纳皮尔称 CQ 为 PB 的对数.

纳皮尔的上述思想, 可以用现在的数学语言说

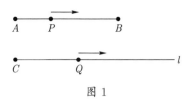

图 1

明如下:

设 $AB = a$, 则 P 和 Q 开始运动时的速度 $v = a$. 若在时刻 t, $PB = y$, $CQ = x$, 纳皮尔称 x 是 y 的对数. 事实上, 有 $AP = a - y$, $x = at$. 因 $\dfrac{\mathrm{d}(a-y)}{\mathrm{d}t} = y$, 解此微分方程得 $\ln y = -t + C$. 由 $t = 0$ 时 $y = a$, 知 $C = \ln a$. 又因 $t = \dfrac{x}{a}$, 从而得到

$$\ln y = -\frac{x}{a} + \ln a \quad \text{或} \quad y = a\mathrm{e}^{-\frac{x}{a}}. \tag{1}$$

特别地, 若 $a = 1$, 则有 $\ln y = -x$ 或 $y = \mathrm{e}^{-x}$.

在当时, 还没有完善的指数概念, 当然也没有 "底" 的概念, 微积分更未创立, 纳皮尔不可能得到 (1) 式这样的函数关系, 他当时只是用几何及运动的语言给出了这两个量之间的对应关系, 并创造了 logarithm (对数) 这个词, 称之为人造的数, 原意为 "比的数". logarithm 源于希腊文的 $\lambda \acute{o}\gamma o \varsigma$ (拉丁文 logos, 表示思想的文字或记号, 也可作 "计算" 或 "比率" 讲) 和另一个字 $\alpha \rho \iota \theta \mu \acute{o} \varsigma$ (数) 二者的结合. 历经 20 多年的研究, 纳皮尔于 1614 年 6 月在爱丁堡出版《奇妙的对数规则说明》, 发表了他关于对

数的想法, 并制作了一个以分弧为间隔的 0° ～ 90°
角正弦的对数表.

纳皮尔

　　人们对客观世界的认识有一个由量的积累到
质的飞跃的过程, 在一定的历史条件下, 客观世界
的某种规律被人们揭示有其必然性. 正如很多数学
发明会在不同的国度由不同的人几乎同时独立地
发现一样, 瑞士有一个与纳皮尔同时代的工程师兼
钟表匠比尔吉 (Bürgi, 1552—1632), 他曾担任著
名天文学家开普勒的助手, 因为经常接触到复杂的
天文计算, 也产生了简化数值计算的强烈愿望. 他
受施蒂费尔的数列的对应思想的影响, 在 1600 年
独立地发现了对数, 并用 8 年时间编出了世界上最
早的对数表. 但他长期不予发表, 直到 1620 年, 在
开普勒的恳求下才发表出来, 这时纳皮尔的对数已
闻名全欧洲了.

　　很明显的是, 由公式 (1) 所规定的数 x 与 y 之

间的对应关系, 若令 $x = x_1 + x_2$, 则有 $y = \dfrac{y_1 y_2}{a}$. 当时纳皮尔取 $a = 10^7$, 因此并不能得到 $y = y_1 y_2$.

纳皮尔的朋友、伦敦格雷沙姆学院几何学教授布里格斯 (Briggs, 1561—1631) 研究了纳皮尔的《奇妙的对数规则说明》后, 感到其中的对数用起来很不方便, 于是与纳皮尔商定, 使 1 的对数为 0, 10 的对数为 1, 用关系式 $y = 10^x$ 来确定数 x 与 y 之间的对应关系, 这样就得到现在所用的以 10 为底的常用对数 $\log_{10} N$, 简记为 $\lg N$. 常用对数对于通用的十进制数系而言, 在数值计算上是非常方便的. 1624 年, 布里格斯在其《对数算术》中列出了 $1 \sim 2\,000$ 及 $90\,000 \sim 100\,000$ 的 14 位常用对数表, 对数也得以广泛流传. 1648 年波兰传教士穆尼阁 (J. Nicolas Smogolenski) 来华时传入了对数, 1664 年薛凤祚汇编《天文汇通》, 其中有 “比例对数表” 一卷 (1653 年), 首次系统介绍对数并使用了 “对数” 这一名词.

对数的发明先于指数. 在纳皮尔发明对数概念 20 多年后, 1637 年法国数学家笛卡儿 (Descartes, 1596—1650) 才开始使用指数概念. 100 多年后, 瑞士数学家欧拉 (Euler, 1707—1783) 得到级数 $1 + \dfrac{1}{1!} + \dfrac{1}{2!} + \cdots + \dfrac{1}{n!} + \cdots$ 的近似值为 $2.718\,281\,828\,459\cdots$. 1748 年他在《无穷小分析引论》一书中将此值用符号 e 表示, 并指出它是自然对数的底. 欧拉还发现了指数与对数的互逆关系, 并于 1770 年首先利用指数函数来定义对数函数, 即由 $y = a^x$ $(a > 0, a \neq 1)$ 来定义 $x = \log_a y$ $(a > 0, a \neq 1)$. 自此在数学教科书中也是先介绍指数函数然后再介绍对数函数的. 在微积分的理论中, 数学家们发现以 e 为底的对数在理论研究中比常用对数方便, 因此都采用以 e 为底的对数即所谓自然对数, 并把 $\log_e N$ 简记为 $\ln N$. 由此可见, 严格来讲, 尼加拉瓜发行的这套邮票第 4 枚上的公式 $e^{\ln N} = N$ 并非纳皮尔指数与对数关系公式, 因为纳皮尔的对数并不是以 e 为底的.

在计算机出现以前, 对数是十分重要的简便计算技术, 得到了广泛的应用. 人们编制了对数表, 成为当年中学生必须学会使用的工具书; 还根据对数运算原理, 发明了对数计算尺. 在 300 多年里, 对数计算尺一直是科学工作者, 特别是工程技术人员必备的计算工具, 直到 20 世纪中后期它才逐渐让位给电子计算器. 由于计算机的数值运算为二进制, 随着电子计算机行业、信息技术行业 (IT 行业) 迅速发展, 当代又出现了一个在 IT 行业广泛应用的对数 —— 以 2 为底的对数, 并在生物学、遗传学研究中得到广泛应用.

对数的意义不仅是提供了一种很好的计算技术, 极大地促进了天文学、航海业、军事、工程等学科与行业的发展, 而且作为数学的一个基础概念与工具, 融入了数学的各个领域, 并且在自然科学和人文社会科学的众多领域里被广泛应用.

五、牛顿万有引力定律

$$F = G\frac{m_1 m_2}{r^2}$$

十个数学公式邮票之五

英国物理学家、数学家牛顿 (Newton, 1643—1727) 最主要的科学成就有: 建立运动三定律, 发现万有引力定律; 创立微积分; 说明色散的起因, 制作第一个反射望远镜, 提出光的微粒说. 而其中尤以发现万有引力定律最广为人知.

牛顿发现并且证明了: 在两个相距为 r、质量分别为 m_1 与 m_2 的质点之间的相互吸引力 F, 与

牛顿

它们的质量的乘积成正比, 与它们之间距离的平方成反比, 即 $F = G\frac{m_1 m_2}{r^2}$, 其中 G 为引力常量. 这个定律之所以被称为万有引力定律, 是因为它是一个普遍的规律, 其真正的重要性在于它的万有性, 即在现实生活中, 无论何时、何地、何物概莫能外. 在人类历史上也是第一次发现这种类型的定律.

由牛顿万有引力定律和牛顿运动定律可以逻辑地推出地球上物体运动的其他规律以及天体运动的规律. 在万有引力定律的基础上, 拉普拉斯进而证明了太阳系的运动是稳定的. 这一结论的得到只用了数学演绎论证, 在人类思想史上是一次重大的突破. 牛顿的万有引力定律不仅为太阳中心说提供了强有力的理论支持, 并且推动了整个科学的革命.

至今人们仍津津乐道牛顿发现万有引力定律是因为他在苹果树下被落下的苹果砸到而突然

产生了灵感. 对这一传说, 数学大师高斯 (Gauss, 1777—1855) 曾说这是讲给白痴听的故事. 因为只有白痴才会相信仅靠一点灵感就会有如此伟大的贡献. 牛顿自己也说: "如果我曾经做出了有价值的发现, 这更多地依赖于我的耐心专注, 而不是靠其他的才能."

事实上, 在牛顿之前, 关于地球上的运动已有伽利略的自由落体运动的规律, 关于天体运动已有开普勒通过观测资料归纳出来的行星运动三大定律, 牛顿认识到, 天上地下同为一理, 应该都有引力与距离的平方成反比的定律成立, 但这需要证明. 与牛顿同时代的不少人, 如英国科学家胡克 (Hooke, 1635—1703) 和天文学家哈雷 (Halley, 1656—1742) 等, 也已认识到应该有平方反比律成立, 但他们都没有、也没有能力从数学上给以证明. 牛顿说他在 1666 年开始研究月球运行问题, 根据开普勒第三定律, 推论出太阳对行星的引力应该与距离的平方成反比. 比较维持月球在轨道上运行所需的力与物体在地面上所受的重力, 发现二者非常接近. 实际上这就是万有引力. 1687 年出版的牛顿的名著《自然哲学的数学原理》的核心就是论证了平方反比律, 也正是在这本著作的第一篇里, 牛顿首次公开系统地表述了他的微积分学说, 这一学说正是牛顿用来论证平方反比律的数学工具.

牛顿在《自然哲学的数学原理》的序中说: 根据在第一篇中已从数学上证明了的命题, 我们在此可以从天体现象中获得关于引力的学说, 物体由于引力而趋向太阳和几大行星. 同时, 从这些力出发, 根据数学定理, 我们再推导出关于行星、彗星、月亮、海洋的运动. 我希望, 自然界的其他现象, 亦可以用同样的方法, 由数学原理推导出来. 许多理由使我产生了一种想法: 这些现象都与某种力有关, 物体之质点, 以某种尚未为人知的原因, 通过这种力或互相吸引, 或按一定的规则形式聚合, 或者互相吸引或互相排斥.

牛顿万有引力定律是人类认识史上的一次飞跃, 万有引力定律使天上的运动和地面上的运动统一在一起, 揭开了神秘宇宙的一层面纱, 为人类认识宇宙、了解自然迈开了一大步. 牛顿的工作奠定了此后 3 个世纪物理学发展的基础, 不仅推动了自然科学而且也推动了人文社会科学的革命性发展, 深刻地改变了人类社会的面貌.

六、麦克斯韦方程组

$$\nabla^2 \boldsymbol{E} = \frac{K\mu}{c^2}\frac{\partial^2 \boldsymbol{E}}{\partial t^2}$$

十个数学公式邮票之六

现代社会中大概没有人未曾听说过无线电和电视,但只有少数人清楚,无线电的发明,归根结底要归功于麦克斯韦关于电磁场理论的研究成果——电磁场动力学理论的建立. 1864 年英国物理学家麦克斯韦 (Maxwell, 1831—1879) 在前人成果的基础上,指出除静止电荷激发无旋电场外,变化的磁场还将激发涡旋电场; 同时, 变化的电场和传导电流一样激发涡旋磁场. 也就是说, 变化的电场和变化的磁场相互联系、相互激发, 组成一个统一的电磁场. 他将电磁现象的规律表述成一组偏微分方程, 并用纯数学的方法由此推导出可能存在以恒定的光速传播的电磁波, 从而直接推动德国物理学家赫兹 (Hertz, 1857—1894) 于 1886 年发现了电磁波, 不久俄国物理学家波波夫 (Попов, 1859—1906) 又找到了电磁振荡的激发、发送和接收的办法, 无线电技术才得以进入了人类社会.

19 世纪物理学这一最大成就的取得, 是麦克斯韦以其深厚的数学功力深刻剖析了法拉第等物理学家的理论并大胆创新的结果.

麦克斯韦

在麦克斯韦诞生的 1831 年, 物理学家们已通过实验总结出一系列关于电场和磁场的重要定律.

1785 年库仑发现了静电场中点电荷相互作用的库仑定律, 此后有了静电场的高斯定理和环路定理; 1819 年奥斯特发现了电流的磁效应, 毕奥和萨伐尔等在实验的基础上得到了长直通电导线附近磁场的基本公式; 关于恒定磁场有了高斯定理以及揭示电流与它所激发磁场规律的安培环路定理; 1831 年法拉第发现了因磁通量变化而产生感应电流, 提出感应电动势的概念, 此后有了法拉第电磁感应定律.

1854 年麦克斯韦从剑桥大学毕业, 此后他用了10 年时间, 深入剖析、思考了前人的成果, 运用微积分、微分方程等数学工具, 以丰富的想象力和开拓创新精神, 对电磁现象作了系统、全面、深入的研究. 他通过与流体力学的类比, 在 1855 年的论文《论法拉第的力线》中以数学形式定量、清晰、准确地刻画了法拉第用文字形式直观表述的实验结果; 1861—1862 年在论文《论物理的力线》中又提出了变化的磁场能产生涡旋电场 (感生电场), 反过来, 变化的电场中有位移电流, 位移电流也在其周围空间产生磁场的假说, 也就是说电场和磁场不是彼此孤立的, 它们相互联系、相互激发, 组成一个统一的电磁场; 1864—1865 年在论文《电磁场的动力学理论》中他系统地总结了前人及自己的研究成果, 将电磁场运动变化规律用数学公式刻画出来. 据此, 他预言了电磁波的存在, 并推导出电磁波的传播速度等于光速, 进而得到光也是一种电磁波的论断, 揭示了光现象和电磁现象之间的联系.

1873 年他的集电磁学大成的经典著作《电磁学通论》问世.

麦克斯韦所提出的电磁场运动变化规律的方程组最初是由 20 个等式和 20 个变量组成的, 1873 年他曾尝试用四元数来表达, 但未成功. 1884 年赫维赛德和吉布斯以矢量分析的形式将其简洁、对称、完美地重新表达成现在通称的麦克斯韦方程组, 完整地刻画了电场、磁场与电荷密度、电流密度之间的关系.

麦克斯韦方程组的微分形式为

$$\nabla \cdot \boldsymbol{D} = \rho,$$
$$\nabla \times \boldsymbol{E} = -\frac{\partial \boldsymbol{B}}{\partial t},$$
$$\nabla \cdot \boldsymbol{B} = 0,$$
$$\nabla \times \boldsymbol{H} = \boldsymbol{j} + \frac{\partial \boldsymbol{D}}{\partial t}.$$

其中 $\boldsymbol{E}$ 为电场强度, 电位移 $\boldsymbol{D} = \varepsilon\boldsymbol{E}$, ε 为电容率 (介电常量); $\boldsymbol{H}$ 为磁场强度, 磁感强度 $\boldsymbol{B} = \mu\boldsymbol{H}$, μ 为磁导率; ρ 为自由电荷的体密度, $\boldsymbol{j}$ 为传导电流密度; 哈密顿算子 $\nabla = \boldsymbol{i}\dfrac{\partial}{\partial x} + \boldsymbol{j}\dfrac{\partial}{\partial y} + \boldsymbol{k}\dfrac{\partial}{\partial z}$, $\nabla \cdot \boldsymbol{B}$ 为求磁感强度 $\boldsymbol{B}$ 的散度 (也记为 div $\boldsymbol{B}$), $\nabla \times \boldsymbol{H}$ 为求磁场强度 $\boldsymbol{H}$ 的旋度 (也记为 rot $\boldsymbol{H}$).

在真空中, $\rho = 0$, $\boldsymbol{j} = \boldsymbol{0}$. 由真空中的麦克斯韦

方程组可以导出

$$\frac{\partial^2 \boldsymbol{E}}{\partial t^2} = \frac{1}{\varepsilon_0 \mu_0} \nabla^2 \boldsymbol{E}, \tag{2}$$

其中 ε_0 为真空电容率, μ_0 为真空磁导率, $\nabla^2 = \frac{\partial^2}{\partial x^2} + \frac{\partial^2}{\partial y^2} + \frac{\partial^2}{\partial z^2}$ 也可记为 Δ, 称为拉普拉斯算子. 方程 (2) 是一个波动方程, 由此可知电磁波为横波, 波速为

$$\sqrt{\frac{1}{\varepsilon_0 \mu_0}} = 2.9979 \times 10^8 \text{ m/s} = c,$$

而 c 即为真空中的光速.

麦克斯韦的理论起初受到很多学者的质疑, 但由麦克斯韦方程组从理论上推出的结论, 在他逝世不到 8 年后就开始被实验一一证实.

1886 年, 赫兹用实验证实了麦克斯韦关于存在电磁波的预言, 进而又证实了电磁波与光波一样, 能产生折射、反射、干涉、偏振、衍射等现象. 1888 年 1 月, 赫兹的论文公布于世, 引起了科学界的轰动.

1895 年, 意大利人马可尼在赫兹实验的基础上成功地进行了约 2 km 距离的无线电报传送实验; 1895 年 5 月 7 日, 波波夫表演了他发明的无线电接收机, 1897 年在相隔 5 km 的两艘军舰之间实现了通信. 此后, 无线电报、无线电话、无线广播、电

视等迅速发展.

作为经典电动力学基础的麦克斯韦方程组在电磁学中的地位,如同牛顿运动定律在力学中的地位一样.牛顿的经典力学打开了机械时代的大门,而麦克斯韦电磁场理论则为电气时代奠定了基石.

麦克斯韦电磁场理论,将电学、磁学、光学统一起来,成为统一解释各种电磁现象以及光现象的理论基础,是物理学发展史上又一个重要的里程碑,是科学史上最伟大的综合之一.它不仅为进一步的理论发展与实际应用开辟了广阔的道路,也奠定了现代电工学和无线电通信技术的理论基础.

麦克斯韦的成就在科学思想方法上也有着开拓性的巨大贡献.以麦克斯韦方程组为核心的电磁场理论的建立,极大地震撼了科学界,使物理学家们从对牛顿力学、"超距作用"等思想的盲目崇拜里解放出来,认识到物质世界的各种相互作用在更高层次上应该是统一的.长期被人们视为金科玉律的牛顿万有引力定律在微观世界和宇宙尺度上需要做相应的修正,从而引发了 20 世纪自然科学的重大革命——量子力学和相对论的诞生.

1931 年爱因斯坦在麦克斯韦诞辰百年纪念会上曾指出,麦克斯韦的工作"是自牛顿以来物理学所经历的最深刻和最有成果的一项真正观念上的变革".

七、爱因斯坦质能关系式

$$E = mc^2$$

十个数学公式邮票之七

物理学家爱因斯坦 (Einstein, 1879—1955) 于 1905 年建立了狭义相对论, 给出了物体质量 m 与能量 E 的转换公式 $E = mc^2$ (c 为真空中的光速), 建立了核能开发的理论基础, 打开了人类利用核能的大门. 1915 年又建立了广义相对论, 确定了空间、时间和物质之间的联系, 开创了现代科学技术新纪元. 人类从机械、电气时代进入了核能时代, 时至今日, 核能已广泛用于社会生产生活及军事等各个领域.

爱因斯坦

在经典力学 (也称牛顿力学) 中, 空间和时间都是绝对的, 二者也没有联系. 即物体的空间间隔 (如物体的长度) 以及时间间隔都和观察者的相对运动无关, 这叫做绝对时空观. 牛顿第一定律 (惯性定律) 在其中成立的参考系称为惯性系, 所有相对于绝对空间静止或作匀速直线运动的参考系都是惯性系. 固定在地球上的坐标系、在地面上匀速行驶的火车和汽车都可以近似地看作惯性系. 经典力学的相对性原理指出, 在所有的惯性系中牛顿力学定律都应具有相同的数学表达形式.

但是, 上述观点由于电磁波的发现而动摇了. 麦克斯韦方程组表明光速是一个常量 c, 并且 1887 年迈克耳孙 (Michelson, 1852—1931) 和莫雷 (Morley, 1838—1923) 用实验证实了不论物体运动与否, 从该物体上观测到的光速是相同的. 这就与牛顿力学产生了矛盾. 因为, 根据牛顿力学的速度变换法则, 如果在惯性系 S 中光速是 c, 那么在相对于 S 以速度 v 运动的另一惯性系 S′ 中观测, 光速就应当是 $c - v$ (当 c 与 v 同向) 或 $c + v$ (当 c 与 v 反向), 而不是一个常量. 也就是说经典力学的相对性原理不适用于电磁学.

为了解决这一矛盾, 不少物理学家做了努力, 但都没有成功, 问题在于他们仍然固守在牛顿力学的框架内. 1905 年, 年仅 26 岁的瑞士伯尔尼专利局小职员爱因斯坦独辟蹊径, 找到了出路.

爱因斯坦放弃了经典力学中绝对空间和绝对时间的概念, 以及当时物理学界公认的光波通过介质 "以太" 传播的假说, 而是从两个一般性的原理出发, 即

1. 相对性原理: 物理定律在所有的惯性系中都具有相同的数学表达形式, 不存在一种特殊的惯性系 (注意, 这里是指所有物理定律, 而不只限于力学定律).

2. 光速不变原理: 在所有的惯性系内, 真空中的光速是常量.

由此导出: 若惯性系 S′ 和 S 的对应坐标轴重合, 当惯性系 S′ 由静止开始以速度 v 沿 $x′$ 轴正向匀速运动时, 对于同一事件在惯性系 S′ 和 S 中观

测得到的时空坐标之间, 有关系式

$$\begin{cases} x' = \dfrac{x - vt}{\sqrt{1 - \dfrac{v^2}{c^2}}}, \\ y' = y, \\ z' = z, \\ t' = \dfrac{t - \dfrac{vx}{c^2}}{\sqrt{1 - \dfrac{v^2}{c^2}}}. \end{cases} \tag{3}$$

(3) 式通常称为洛伦兹变换式. 显然, 当 v 远小于 c 时, v/c 可忽略不计, (3) 式就变为

$$\begin{cases} x' = x - vt, \\ y' = y, \\ z' = z, \\ t' = t. \end{cases} \tag{4}$$

这就是经典的时空变换, 也称为伽利略变换式.

由 (3) 式可以推出: 当一个刚性米尺相对于观察者以速度 v 运动时, 在其运动方向上米尺长度的测量值是静止时的 $\sqrt{1 - \dfrac{v^2}{c^2}}$ 倍, 即米尺的运动长度比静止长度缩短了, 这称之为长度收缩效应; 而由对于事件发生地点相对静止的惯性系中测得的时间, 是由相对于该地点以速度 v 作相对运动的惯

32

性系中对同一事件测得时间的 $\sqrt{1 - \dfrac{v^2}{c^2}}$ 倍, 即时钟因运动而比静止时走得慢了, 这称之为时间延缓效应.

爱因斯坦不仅建立了相对论运动学, 还建立了相对论动力学, 并导出了著名的质能关系式

$$E = mc^2,$$

深刻地揭示了物体的质量 m 就是它所含能量 E 的量度. 质能关系成为研制原子弹的重要理论基础.

上述理论后来称之为**狭义相对论**. 在狭义相对论中, 时间和空间是不可分割的一个整体, 称为四维时空. 能量和动量也是不可分割的一个整体, 称为四维动量.

如何刻画四维时空? 1907 年德国数学家闵可夫斯基 (Minkowski, 1864—1909) 提出了闵可夫斯基空间, 其前三维表示通常的空间, 用 x, y, z 表示, 第四维表示时间, 用想象的 ict 表示, i 是虚数单位, c 是光速. 在此空间中点到原点的距离 s 定义为

$$s^2 = x^2 + y^2 + z^2 - c^2 t^2,$$

而由 (3) 式可知

$$x'^2 + y'^2 + z'^2 - c^2 t'^2 = x^2 + y^2 + z^2 - c^2 t^2.$$

将上式中的坐标 $x', x, \cdots$ 换成坐标差 $\Delta x', \Delta x, \cdots$

后等式仍成立, 这叫作"时空间隔不变"(注意, 它既非"空间间隔不变", 也非"时间间隔不变"). 闵可夫斯基空间为爱因斯坦狭义相对论提供了合适的数学模型.

狭义相对论提出后很快被物理学界接受, 并被一系列实验所验证. 正当全世界为之震动、惊讶, 对相对论及其发现者佩服得五体投地时, 爱因斯坦本人却冷静地看到了自己的理论有两个缺陷: 一个是狭义相对论只研究惯性系之间的关系, 也就是说建立在惯性系的基础上, 而惯性系依靠牛顿的绝对空间来定义, 现在相对论认为不存在绝对空间, 因此惯性系已无法定义; 另一个缺陷是爱因斯坦曾力图把万有引力定律纳入相对论的框架, 但几经失败使他认识到现在的相对论容纳不了万有引力定律. 在当时已知的力只有电磁力和万有引力, 而其中的一种竟放不进相对论的框架中, 这无论如何是不能使人满意的.

为了克服上述缺陷, 爱因斯坦继续深入研究, 历经困难和挫折, 终于在 1915 年建立了广义相对论. 广义相对论实际上是一个关于时间、空间和引力的理论. 爱因斯坦用广义相对性原理代替了狭义相对性原理, 即从所有参考物体对于描述物理定律都是等效的假设出发, 这些参考物体不仅其运动状态可以是任意的, 而且在其运动过程中可以发生任何形变, 爱因斯坦形象地称它们为"软体动物参考体", 用数学的语言表述即为高斯坐标系; 他提出了引力场的概念, 指出引力效应是一种几何效应, 万有引力不是一般的力, 而是时空弯曲的表现, 而时空弯曲起源于物质的存在和运动.

如何把时空几何与运动物质联系起来呢? 爱因斯坦花了 3 年的时间来寻求广义相对论的数学结构. 他向大学时的同学、数学家格罗斯曼 (Grossmann, 1878—1936) 请教. 格罗斯曼告诉爱因斯坦, 这需要用到意大利数学家里奇 (Ricci, 1853—1925) 和列维–奇维塔 (Levi-Civita, 1873—1941) 建立的以**黎曼几何**为基础的绝对微分学, 亦即爱因斯坦后来所称的**张量分析**. 爱因斯坦这样记述当时的情景: "在我一生中, 还没有如此勤奋工作过, 我已沉湎于数学的伟大之中. 直到今天, 我一直在领略数学的微妙部分的纯正的高贵." 爱因斯坦在 1915 年 11 月 25 日发表的论文中, 给出了借助黎曼度规张量表述的广义协变的引力场方程

$$R_{ik} - \frac{1}{2} g_{ik} R = -k T_{ik},$$

他指出: "由于这组方程, 广义相对论作为一种逻辑结构终于大功告成!"

广义相对论克服了狭义相对论的两个缺陷, 指出了四维时空与四维动量之间的关系, 认为能量—动量的存在 (也就是物质的存在) 会使四维时空发生弯曲, 如果物质消失, 时空就回到平直状态. 在数学上, 广义相对论的时空可以解释为一种黎曼

空间, 非均匀时空连续区可借助于黎曼度量来描述. 这也是人们对非欧几何现实意义的首次揭示.

根据广义相对论爱因斯坦预言, 过太阳边缘的星光将会弯向太阳, 其弯曲程度是用牛顿力学计算的两倍, 这一事实为 1919 年 5 月 29 日发生日全食时的实际探测所证实. 根据广义相对论引出的宇宙膨胀说和存在"黑洞"的理论也已被许多观测所验证.

回顾历史, 首先我们可以看到, 相对论是思辨的产物, 其建立的思想方法是数学的 —— 从"相对性原理"和"光速不变原理"出发, 通过演绎推理得到狭义相对论; 进一步以"广义相对性原理"代替"狭义相对性原理", 得到广义相对论. 其次, 相对论也是通过数学语言来精确表述的.

八、德布罗意公式 $\lambda = \dfrac{h}{mv}$

十个数学公式邮票之八

和爱因斯坦相对论并列为 20 世纪物理学最大成就的量子力学, 已成为整个理论物理学和现代高科技的基础, 从粒子物理、场论到激光、超导, 从大规模集成电路计算机到量子计算机, 如果离开了量子力学就只能是空中楼阁和纸上谈兵. 而量子力学的诞生又得益于法国理论物理学家路易·德布罗意 (Louis de Broglie, 1892—1987) 创立的德布罗意波理论.

德布罗意出生在一个贵族家庭, 父母早逝, 他

德布罗意

从小酷爱读书, 中学时代就显露文学才华, 进入巴黎索邦大学后学习历史, 1910 年获文学学士学位. 1911 年, 其兄实验物理学家莫里斯·德布罗意和他谈到有关光、辐射、量子性质等问题的研讨情况, 特别是他读了庞加莱的《科学的价值》等书后, 对物理学产生兴趣, 转向研究理论物理学, 1913 年获理学学士学位. 第一次世界大战期间, 他在军用无线电报站服役 6 年, 熟悉了有关无线电波的知识. 1919 年, 德布罗意回到他哥哥的实验室研究 X 射线, 得知德国物理学家普朗克 (Planck, 1858—1947) 和爱因斯坦关于量子方面的工作. 普朗克在 1900 年给出辐射定律, 提出了能量子假设, 指出: 物质辐射或吸收的能量不是连续改变的, 而是分立、跳跃地改变的, 其能量值只能取某个最小能量元 —— 能量子 $\varepsilon = h\nu$ 的整数倍, 其中 ν 是辐射电磁波的频率, h 现通称为普朗克常量. 1918 年普朗克获诺贝尔物理学奖. 继而, 爱因斯坦于 1905

年提出光量子(简称光子)假设,成功解释了光电效应,1921 年获诺贝尔物理学奖.这些重大发现激起了德布罗意极大的兴趣,他也决心彻底放弃研究法国历史的计划,潜心于物理学的研究.

德布罗意剖析了前人对光和粒子的研究工作,从自然界的对称性出发,洞察到"整个世纪以来,在光学中,比起波的研究方法来,如果说是过于忽视了粒子的研究方法的话,那么在实物粒子的理论上,是不是发生了相反的错误,把粒子的图像想得太多,而过分地忽视了波的图像".他还注意到几何光学与经典力学的相似性,提出了一个大胆的假设:不仅辐射具有波粒二象性(即既有波动性又有粒子性),一切实物粒子(如电子、质子等)也具有波粒二象性.

1923 年 9 月至 10 月间,德布罗意在《法国科学院通报》上连续发表了三篇有关波和量子的论文.在第一篇论文《辐射——波与量子》中,提出实物粒子也有波粒二象性,认为与运动粒子相应的还有一正弦波,两者总保持相同的相位.后来他把这种假想的波称为相波.他考虑一个静止质量为 m_0 的运动粒子的相对论效应,把相应的内在能量 $m_0 c^2$ 视为一种频率为 γ_0 的简单周期性现象.他把相波概念应用到以闭合轨道绕核运动的电子,推出了玻尔量子化条件.在第二篇论文《光学——光量子、衍射和干涉》中,设想:在一定情形下,任一运动质点能够被衍射.穿过一个相当小的开孔的电子群会表现出衍射现象. 正是在这一方面, 有可能寻得我们观点的实验验证. 在第三篇论文《量子气体运动理论及费马原理》中指出: 只有满足相波谐振, 才是稳定的轨道. 并在他 1924 年提交的博士论文《关于量子理论的研究》中进一步明确指出: 电子绕原子核运动的轨道周长是相波波长的整数倍.

德布罗意在其博士论文中论述了他的有关物质波的理论及其应用, 但当时还没有"物质波"的明确概念, 他称之为"相波", 认为可以假想它是一种非物质波形式, 至于究竟是一种什么波, 他在博士论文的结尾特别声明: "我特意将相波和周期现象说得比较含糊, 就像光量子的定义一样, 可以说只是一种解释, 因此最好将这一理论看成是物理内容尚未说清楚的一种表达方式, 而不能看成是最后定论的学说."

具体地讲, 德布罗意是如何把爱因斯坦关于光的波粒二象性推广到实物粒子的呢?

爱因斯坦引进了光子的概念, 光子的能量 $E = mc^2 = h\nu$, 其中 h 是普朗克常量, ν 是频率, c 是光速; 动量 $p = \dfrac{h}{\lambda}$, 其中 λ 是波长, 从而波长 $\lambda = \dfrac{h}{p}$.

运用联想和类比的思想方法, 德布罗意认为, 质量为 m 的实物粒子以速度 v 运动时, 既具有以能量 E 和动量 p 所描述的粒子性, 也具有以波长 λ 和频率 ν 所描述的波动性, 而这些量之间的关系也和光波的波长、频率与光子的能量、动量之间的

关系一样, 应遵从下述公式:

$$E = mc^2 = h\nu,$$
$$p = mv = \frac{h}{\lambda}.$$

所以对具有静止质量 m_0 的实物粒子来说, 若粒子以速度 v 运动, 则该粒子所表现的平面单色波的波长是

$$\lambda = \frac{h}{p} = \frac{h}{mv} = \frac{h}{m_0 v} \sqrt{1 - \frac{v^2}{c^2}}. \tag{5}$$

根据这一公式, 他算出中等速度电子的波长应相当于 X 射线的波长, 这一预言后来被实验所证实.

(5) 式称为德布罗意公式. 人们通常把这种显示物质波动性的波称为德布罗意波, 或物质波. 物质波的概念是在薛定谔方程建立以后, 为了诠释波函数的物理意义才由薛定谔 (Schrödinger, 1887—1961) 提出的. 此外, 德布罗意当时也未明确给出波长 λ 和动量 p 之间的关系式 $\lambda = h/p$, 但后人发现在其论文中已经蕴含了这一关系, 所以现在通称它为德布罗意公式.

对于德布罗意的博士论文, 答辩委员会的委员们认为很有独创精神, 决定授予他巴黎大学物理学博士学位, 但总觉得他的想法过于玄妙. 在答辩会上, 有人曾提问有没有办法验证这一新的观念. 德

布罗意回答:"通过电子在晶体上的衍射实验,应当有可能观察到这种假定的波动效应."后来实验物理学家道威利尔曾试用阴极射线管做了这样的实验,但未成功,随即他便放弃了.

德布罗意的论文引起人们的注意,归功于爱因斯坦的肯定与支持.当时德布罗意的导师朗之万教授将其博士论文寄给了爱因斯坦,爱因斯坦看后非常高兴.他没有想到,自己创立的有关光的波粒二象性观念,竟被德布罗意扩展到了物质粒子!当时爱因斯坦正在撰写有关量子统计的论文,就特地在其中加了一段话说:"一个物质粒子或物质粒子系可以怎样用一个波场相对应,德布罗意先生已在一篇很值得注意的论文中指出了."因此,德布罗意的工作才被科学家们广为关注.

首先,奥地利物理学家薛定谔从德布罗意的理论中得到至关重要的启迪,在此基础上,1926年薛定谔提出用波动方程描述微观粒子运动状态的理论,后称薛定谔方程,奠定了波动力学的基础.薛定谔在发表他的波动力学论文时曾明确表示:"这些考虑的灵感,主要归因于德布罗意先生的独创性的论文."同年,他在给爱因斯坦的信中再次强调:"假如不是因为你的论文把德布罗意思想置于我的面前,如果单靠我个人,很难想象波动力学会建立起来,甚至有可能永远出不来."

1927年,美国的戴维森和革末及英国的 G. P. 汤姆孙通过电子衍射实验各自证实了电子确实具有波动性. 至此, 德布罗意的理论作为大胆假设而成功的例子获得了普遍的赞赏, 并于 1929 年荣获诺贝尔物理学奖.

德布罗意的工作为人类进一步认识微观物质世界打开了大门, 为作为现代物理学基础的量子力学的建立奠定了基础, 进而推动了现代科学技术的革命, 大大改变了人类的面貌.

回顾这段历史, 值得注意和思考的是, 德布罗意爱好文学, 大学原来学的是历史学, 为什么后来钻研理论物理学能取得如此大的成就? 德布罗意波的发现生动地告诉我们, 形象思维对于科学发现的重要性. 事实上, 历史上有很多著名的数学家在大学时的专业并非数学而是人文社会科学, 例如费马的专业是法学, 莱布尼茨的是哲学, 欧拉的是神学, 拉格朗日的是法学, 魏尔斯特拉斯的是法律和商学, 黎曼的是神学和哲学, 高斯在大学一年级时对选择语言学还是数学作为自己的专业方向尚存犹豫, 应该说, 人文社会科学的熏陶, 形象思维的培养, 对他们后来的创造性工作是有帮助的.

九、玻尔兹曼关系式 $S = k \ln W$

十个数学公式邮票之九

玻尔兹曼 (Boltzmann, 1844—1906) 是奥地利物理学家, 热力学和统计物理学的奠基人之一.

1844 年玻尔兹曼出生在维也纳. 当时自然科学有了突飞猛进的发展, 特别是 1838—1839 年细胞学说建立, 1842—1847 年能量守恒与转化定律发现, 1859 年生物进化论创立, 这三大发现证明了自然界的各种物质运动形式可以在一定的条件下互相转化, 也证明了自然界中物质运动的统一性, 促进了辩证唯物主义认识论和世界观的形成与发展.

玻尔兹曼

19世纪热力学也有了重大的发展. 作为能量守恒定律在热学上应用的热力学第一定律指出: 一个热力学系统的内能的改变量等于它从外界吸收 (或对外界放出) 的热量与外界对系统 (或系统对外界) 所做功的和. 彻底否定了不消耗任何能量却能源源不断地对外做功的"第一类永动机". 1824 年, 法国工程师卡诺提出了卡诺定理, 指出热机的热效率取决于其高温热源和低温热源的温度差. 德国物理学家克劳修斯 (Clausius, 1822—1888) 和英国物理学家开尔文 (Kelvin, 1824—1907) 在热力学第一定律建立以后重新审视了卡诺定理, 认识到热力学第一定律没有解决能量转换过程中的方向、条件和限度问题, 卡诺定理也没有解决热机的最大效率能否达到 100% 的问题. 他们根据大量宏观经验提出了现在所称的热力学第二定律. 这一定律, 1850 年克劳修斯表述为: 热量不能自动地从低温物体转移到高温物体而不引起外界的变化; 1851 年开尔文表述为: 不可能从单一热源吸取热量使之完全转换为有用的功而不产生其他影响. 这两种表述是等效的. 由此可知, 不可能制造出只从单一热源吸收热量, 使之完全变为有用的功而不引起其他变化的热机——"第二类永动机". 也就是说, 一定会有一部分热能被耗散了而不能用来做功.

如何刻画"不能利用来做功的热能"? 克劳修斯在 1865 年引入了一个系统宏观状态的函数 entropy, 即"熵"的概念, 用 S 表示. en 是 energy 的字头, tropy 源于希腊文, 意为转变. 1923 年, 普朗克来南京国立第四中山大学 (国立中央大学前身) 讲学, 担任翻译的我国著名物理学家胡刚复教授根据 entropy 意为热能的变化量与温度之商, 而且这个概念与火有关, 就将商字加了一个火旁, 首创了"熵"字.

如果一个过程使物体由状态 A 变为状态 B, 并且可以从状态 B 回复到状态 A, 且周围一切也都各自回复原状, 则称此过程是一个可逆过程. 如果不能使物体和外界回复原状且不引起其他变化, 则称之为不可逆过程. 现实中遇到的一切热力学过程 (如热传导、热扩散等) 都是不可逆的. 只有过程进行得无限地缓慢, 几乎没有任何能量耗散, 才可近似地视为一个可逆过程. 因此可逆过程只是实际过程在某种精确度上的极限情形. 对于可逆过程,

熵可定义为

$$\mathrm{d}S = \left(\frac{\delta Q}{T}\right)_{\mathrm{rev}},$$

其中 $\mathrm{d}S$ 是系统熵 S 的微小变化, δQ 是系统从外界吸收的热量 Q 的微小变化, 下标 rev 表示过程可逆, T 表示热源的温度.

利用熵, 热力学第二定律可表述为 "熵增加原理": 在孤立系统中发生的任何不可逆过程, 都会使整个系统的熵增加, 只有在可逆过程中, 系统的总熵保持不变.

玻尔兹曼进一步研究气体从非平衡态过渡到平衡态的过程, 于 1872 年建立了玻尔兹曼积分微分方程. 他引进由分子速度分布函数 f 定义的一个泛函 H, 证明当 f 发生变化时, H 随时间单调地减小, 而当 H 减少到最小值时, 系统达到平衡状态 —— 这就是著名的 H 定理. H 定理与熵增加原理相当, 都表征热力学过程由非平衡态向平衡态转化的不可逆性.

在热力学中, 将与系统的某一宏观状态相对应的微观状态数称为热力学概率, 用 W 表示 (也记为 Ω). 这里的 "热力学概率" 与概率论中 "随机事件的概率" 的定义不同, 随机事件的概率取值于闭区间 $[0,1]$, 而热力学概率 W 的值是正数.

1877 年玻尔兹曼揭示了宏观状态与微观状态之间的联系, 指出: 熵 S 与热力学概率 W 的自然

对数成正比, 即

$$S \propto \ln W, \tag{6}$$

从而揭示了热力学第二定律的统计本质: H 定理或熵增加原理所表示的孤立系统中热力学过程的方向性, 正相应于系统从热力学概率小的状态向热力学概率大的状态过渡, 也就是由比较有序的状态向比较无序的状态演变. 平衡态热力学概率最大, 对应于熵取极大值或 H 取极小值的状态.

　　普朗克沿着玻尔兹曼的思路作了更深入的研究, 1900 年将玻尔兹曼给出的关系式 (6) 进一步明确为

$$S = k \ln W, \tag{7}$$

并且为了向玻尔兹曼表示尊重与崇敬, 建议将其中的常量 $k = 1.380\,649 \times 10^{-23}$ J/K 命名为玻尔兹曼常量. 关系式 (7) 后称为玻尔兹曼关系式.

　　玻尔兹曼关系式 (7) 将宏观量熵与微观量热力学概率联系了起来, 成为联系宏观与微观的重要桥梁之一. 玻尔兹曼关系式的建立, 是标志气体动理论成熟和完善的里程碑, 也为统计力学奠定了基础. 人类从原始社会起就离不开对 "热" 的利用与研究, 在现代社会生产生活, 在气候变化、太空探索、航海工程、机械制造、细胞生物学、生物医学工程、化学化工、材料科学等科学技术领域, 更离不开玻

尔兹曼等科学家创立的热力学理论的指导.

如今"熵"这一名词不仅出现在自然科学和人文社会科学的很多领域,而且也常常见诸网络媒体,人们对其含义也有不同的理解.关于"熵"的释义,在《现代汉语词典》第七版中是: 1. 热力体系中,不能利用来做功的热能可以用热能的变化量除以温度所得的商来表示,这个商叫做熵. 2. 科学技术上泛指某些物质系统状态的一种量度或者某些物质系统状态可能出现的程度.此外,"熵"在传播学中表示一种情境的不确定性和无组织性,也被一些人文社会科学学者用以借喻人类社会的生存状态等.

总之,熵是一个描述系统状态的函数,状态一定,系统的熵值也一定.熵体现了系统的统计性质,用来表示孤立系统的无序程度.在孤立系统内,对可逆过程,系统的熵保持不变;而对不可逆过程,系统的熵总是增加的.也就是说,系统从概率小的状态向概率大的状态演变,从比较有规则、有序的状态向比较无规则、无序的状态演变.正像人住的房间,若不收拾打扫,就只会变得越来越杂乱.

十、齐奥尔科夫斯基公式

$$V = V_e \ln \frac{m_0}{m_1}$$

十个数学公式邮票之十

人类自古以来的一个梦想——遨游太空已经成为现实, 开启航天大门的是被誉为 "航天之父" 的苏联科学家齐奥尔科夫斯基 (Циолковский, 1857—1935). 他在 1903 年和 1911 年分两次发表完毕的论文《利用喷气工具研究宇宙空间》中, 给出了航天学中最重要的基本公式——单级火箭的

50

齐奥尔科夫斯基

理想速度公式

$$V = V_e \ln \frac{m_0}{m_1}, \qquad (8)$$

其中 V 是在不考虑大气阻力和天体引力的理想情况下, 单级火箭在发动机工作期间获得的速度增量, V_e (也记为 W_{ef}) 是火箭发动机 (相对于火箭) 的喷气速度, m_0 与 m_1 分别是火箭发动机工作开始时刻与结束时刻的火箭质量.

公式 (8) 通称为齐奥尔科夫斯基公式, 该式表明: 单级火箭的理想的速度增量与火箭的大小无关, 而取决于火箭发动机的喷气速度 V_e 和火箭的质量比 $\frac{m_0}{m_1}$. 这指明了火箭研制的方向: 选用高能推进剂和提高发动机性能以增加喷气速度; 改进、完善火箭的结构, 减轻火箭本身的结构质量, 装载更多的推进剂, 以提高火箭的质量比.

公式 (8) 虽然不完全符合火箭飞行的实际情

况，但能给出推进发动机工作使火箭速度量值增加的上限. 这一公式简单明了，便于估算火箭的速度，分析火箭的飞行特性，特别是，还进一步催生了齐奥尔科夫斯基关于要使用液体火箭 (发动机推进剂为液体的火箭) 和发展多级火箭的概念，为现代火箭技术和航天技术的发展奠定了理论基础，也为人类实现航天梦指明了一条可行的途径.

1911 年，齐奥尔科夫斯基在给友人的信中预言了人类的航天前景："地球是人类的摇篮，但人类不会永远停留在地球上. 为了追求光明和空间，人类开始要小心翼翼地飞出 (地球稠密) 大气层，然后再征服整个太阳系."

1926 年，美国物理学家戈达德成功地进行了世界上第一枚液体火箭的飞行试验，证明这一技术是可以突破的；1957 年 10 月 4 日，苏联成功地发射了世界上第一颗人造地球卫星，揭开了太空时代的序幕，齐奥尔科夫斯基的预言开始变成现实；1961 年苏联送出第一位航天员 —— 加加林；1969 年美国人阿姆斯特朗登上月球.

1958 年 5 月 17 日，毛泽东主席高瞻远瞩地指出："我们也要搞人造卫星." 1970 年 4 月 24 日，我国第一颗人造卫星上天；2003 年 10 月 15 日，杨利伟圆满完成中国首次载人航天飞行，2013 年 6 月 13 日，我国 3 名航天员进驻"天宫一号"目标飞行器，圆满完成多项任务后于 6 月 26 日返回；2013 年 12 月 14 日，我国"嫦娥三号"探测器成功登陆月球; 2020 年 7 月 23 日, 我国发射"天问一号"火星探测器, 并于 2021 年 5 月 15 日成功软着陆火星表面, "祝融号"火星车成功开展巡视探测等工作, 实现了中国在深空探测领域的技术跨越; 2021 年 6 月 17 日, 我国 3 名航天员首批入住"天和"核心舱, 在轨驻留 3 个月, 圆满完成多项任务后于 9 月 17 日返回; 2022 年我国的空间站胜利建成. 中国的航天事业正如日中天飞速发展.

回望近百年来世界航天事业取得的巨大成就, 不能不想起"航天之父"齐奥尔科夫斯基所作出的基础性功勋, 更不能不从一个近乎全聋的少年自学成才的人生经历中得到激励与启示.

1857 年 9 月 17 日, 齐奥尔科夫斯基出生在俄国的一个农村, 父亲护林, 母亲种地, 只上过一段时间的村办小学, 10 岁时因重感冒导致猩红热, 最终几乎完全失去听觉而辍学. 他自学了中学课程, 16 岁时只身来到莫斯科, 但没有一所大学愿意接受他这个近乎全聋又无中学毕业文凭的学生, 只好在父亲的支持下, 节衣缩食, 利用公共图书馆如饥似渴地自学. 3 年多时间里他学习了高等数学、物理学、化学和天文学, 还阅读了哲学、历史学等人文社会科学图书.

长期的艰苦生活和刻苦学习, 使他的身体越来越差, 1876 年, 他父亲从一个熟人的来信中得知他面无血色骨瘦如柴的情况后, 将他接回家中休养. 在此期间, 他开始考虑能否发明一种机器, 用它升到地球稠密大气层外飞行的问题. 1877 年秋, 他通过了中学教师资格考试, 4 个月后被任命为卡卢加省波罗夫县一个中学的数学教师. 他租了两间房子, 自己搞了一个实验室, 一边教书, 一边开始独立的研究工作.

1881 年, 齐奥尔科夫斯基对气体理论做了思考和研究, 写了一篇论文送交彼得堡物理和化学学会. 科学家看到论文后十分惊讶, 因为论文的内容和结论完全正确, 但这一问题早在 20 多年前就已得到了圆满解决. 著名科学家门捷列夫给齐奥尔科夫斯基写信, 赞赏和鼓励了他的工作和成绩, 希望他将来取得更大成果.

牛顿第三定律使他豁然开朗, 1882 年 3 月 28 日他在日记中写道: "如果在一只充满高压气体的桶的一端开一个口, 气体就会通过这个小口喷射出来, 并给桶产生反作用力, 使桶沿相反的方向运动." 这段话形象地描述了火箭飞行的原理. 从 1883 年起, 他开始研究宇宙航行问题, 探讨利用喷气发动机 (火箭) 来实现飞行的可能性. 1892 年他转向研究飞艇, 发表了多篇有关飞艇的论文, 提出了全金属硬式飞艇的设想; 他还研究过飞机, 但经费不足, 无法开展实验工作. 于是他把主要精力投入到太空飞行的理论研究上, 提出了第一宇宙速度、第二宇宙速度及第三宇宙速度的概念, 并作了精确的计算. 1903 年他撰写的《利用喷气工具研究宇宙空间》的第一部分在俄国杂志《科学评论》发表, 第二部分 1911 年在俄国杂志《航空通报》发表, 从此以他命名的单级火箭的理想速度公式问世. 1929 年他在论文《宇宙火箭列车》中又提出了用多个火箭组成火箭列车穿过地球稠密大气层到太空飞行的思想.

俄国十月革命改变了齐奥尔科夫斯基的生活和研究条件, 他的社会地位也有了很大提高. 1919 年他被选为苏联社会主义研究院 (后改称科学院) 院士. 他更加勤奋地工作, 一生共撰写论文 580 多篇, 其中 450 多篇是十月革命后写的. 1987 年, 苏联特地发行了一枚镌刻了齐奥尔科夫斯基头像的 1 卢布硬币, 隆重纪念这位 "航天之父" 130 周年诞辰.

1987 年苏联发行的 1 卢布硬币

齐奥尔科夫斯基既是一个踏实的科学家, 也是一个热情的探索者. 他在一篇名为《太空火箭工作: 1903 — 1927 年》的文章中, 系统总结了他在火箭和航天学研究过程中所做的工作和取得的成就, 并对航天的未来发展阶段进行了展望. 这些阶段包括:

火箭汽车、火箭飞机、人造卫星、载人飞船、空间工厂、空间基地、太阳能的充分利用、外层空间旅行、行星基地，以及恒星星际飞行等．他在文章中提出的在飞船中利用植物生产食物和氧气，依靠旋转产生重力，更好地利用太阳能等思想至今仍是航天领域的研究方向．他的成就早被世人公认，德国航天先驱奥伯特曾在致齐奥尔科夫斯基的信中说："您已经点燃了火炬，我们绝不会让它熄灭．让我们尽最大的努力，以实现人类最伟大的梦想．"

纵观这十个数学公式，我们仿佛看到了一部浓缩的人类社会物质文明发展的历史，看到了一代代科学家们锲而不舍地追求科学真理、穷究客观自然规律、敢想敢为勇于创新、推动人类社会不断进步的精神．只有学习、继承和弘扬这种精神，才能不负韶华，不辱使命．这些公式生动地说明了数学、理论物理学等基础学科对于科学技术的发展和人类社会生产生活的重要性．只有高度重视和大力发展基础科学，才能从根本上推动科学技术和社会生产生活的不断进步．这些公式也彰显了数学科学的特点，它的不可替代的作用，以及它自身发展的一些规律．只要注意学习、掌握并运用好数学科学的特点与规律，就能帮助我们学好数学，用好数学，乃至能在发展科学技术上有所作为．

参 考 文 献

[1] 李文林. 数学史概论 [M]. 4 版. 北京: 高等教育出版社, 2021.

[2] 周明儒. 文科高等数学基础教程 [M]. 3 版. 北京: 高等教育出版社, 2018.

[3] 程守洙, 江之永. 普通物理学 [M]. 7 版. 北京: 高等教育出版社, 2016.

[4] 郭奕玲, 沈慧君. 物理学史 [M]. 2 版. 北京: 清华大学出版社, 2005.

[5] 伽莫夫. 从一到无穷大 [M]. 暴永宁, 译. 北京: 科学出版社, 2002.

[6] DENIS GUEDJ. 数字王国: 世界共通的语言 [M]. 雷淑芬, 译. 上海: 上海教育出版社, 2004.

[7] 蔡宗熹. 千古第一定理——勾股定理 [M]. 北京: 高等教育出版社, 2009.

[8] 李大潜. 漫话 e [M]. 北京: 高等教育出版社, 2011.

[9] 齐民友. 遥望星空 (二)——牛顿·微积分·万有引力定律的发现 [M]. 北京: 高等教育出版社, 2008.

[10] 爱因斯坦. 狭义与广义相对论浅说 [M]. 杨润殷, 译. 上海: 上海科学技术出版社, 1964.

[11] 李大耀. 开启航天大门的金钥匙 —— 齐奥尔科夫斯基公式 [M]. 北京: 高等教育出版社, 2014.

郑重声明

读者意见反馈